U0157690

《宠物家居》编写组 / 编
潘潇潇 / 译

宠物家居

FOR THE LOVE OF PETS

Contemporary Architecture and Design for Animals

广西师范大学出版社
· 桂林 ·
images Publishing

FOR THE LOVE OF PETS

Contemporary Architecture and Design for Animals

CONTENTS
目 录

心与心的连接

没有宠物的家会是什么样子？对于喜欢动物的人来说，这是难以想象的：看不到“毛孩子”在走廊上游荡，听不到它们磨爪子的声音，看不到它们蹲在门口等你下班回家的身影……没有了这些，生活会变得暗淡无光吧。

一些动物成为了人们心爱的宠物，它们生活在世界各地的住宅空间内，从哺乳动物、鸟类，到带爪的爬行动物，只要宠物的心与主人的心紧密连接在一起，宠物的外表是什么样子都不重要。

很多研究结果表明，宠物及其对于主人无条件的爱和接纳可以让人们的心变得柔软，有助于减轻压力。至于猫咪发出的呼噜声，就不在此讨论了，那是另一种更高级的“治愈”。重点是：如果你心中有它们，它们就会陪着你，但这不是一时兴起的承诺，而是一个“毛孩子”的余生。

由于对宠物的爱，主人将很多的心思放在它们身上，往往在宠物护理、喂养和健康方面花费巨资，并沉浸其中无法自拔。如今，市场上有大量设计新颖的宠物产品。全球各地的设计人才每年都会设计出众多时尚、实用又舒适的宠物产品。Designfolder 的创始人——室内及家具设计师埃莉诺·莫舍维茨（Eleonor Moschevitz）对宠物产品的价格、设计趋势等发表了自己的观点：“人们越来越关注自己的房子。在斯堪的纳维亚半岛，市区里的房子像是从杂志中走出来的。室内设计正在发展，普通人也开始对室内设计有所追求。在宠物家居设计方面，市场上已经出现了很多价格实惠的设计产品，我认为这将给宠物产品设计行业带来影响。但是我发现很多猫咪对为它们精心设计的产品并不感兴趣。因此，我决定先去了解猫的习性，然后设计一件可以与家融为一体的作品，这件作品绝对不同于你先前见过的其他产品。”

Weelywally 的产品设计师和创始人奥努尔汗·德米尔（Onurhan Demir）认为当今众多宠物家居用品的设计趋势是尽可能简单，但难点在于在保持简单的同时让产品变得与众不同。宠物产品需要有简洁的线条和风格，同时又不能与现代装潢风格产生冲突。

互联网的影响、材料的升级，以及对“量身打造”这一理念的追求使得宠物的主人在为他们的“毛孩子”挑选产品时变得十分挑剔。如今的主人更有品位，也更有眼光。他们中的大部分人更关注产品的外观，努力寻找富有个性的宠物产品。此外，更多经验丰富的设计师开始投身宠物家居设计领域，带来了猫咪公寓、网球宠物屋、猫咪塔、猫咪树等现代风格的项目，这些项目在本书中均有收录。这些家居产品都是可以移动的。有些产品还具有双重功能，例如，猫爬架（几何款）既是猫咪的游戏空间，也可用作主人的书架；时尚典雅的 Kikko 桌不仅是猫咪的吊床，还是一件主人可以用到的家具，让人类和猫咪能够有更多的时间待在一起。其中，很多产品的设计看上去俏皮、有趣，例如，造型像一块牛排的线毯或是用很多网球作为装饰的网球宠物屋（要知道大部分狗狗对球是非常感兴趣的）。

然而，如果宠物觉得不舒服，那么再华丽的“宫殿”也没有任何意义。令人欣慰的是，如今的设计师在设计宠物产品时，会将宠物的情感、使用感受和生命安全考虑在内。有些设计师甚至会向宠物心理学家寻求帮助，希望以此深入了解宠物的天性和行为模式，以尽可能地满足它们的需求。这对宠物主人来说无疑是个好消息，因为他们手中的每件宠物产品都相当于经过了专业测试，并且有喜欢动物的人和了解动物的人参与其中。这些产品的品质也因全面、专业的研究而得到了提升。负责为猫咪公寓做推广的PostSthlm公司的维多利亚·勒夫克兰茨（Viktoria Löwkrantz）说："我们就曾向瑞典最出色的猫咪心理学家苏珊娜·赫尔曼·霍姆斯特姆（Susanne Hellman Holmström）求教。通过与她合作，我们将猫咪的某些特征考虑进去，设计出了一款有益猫咪健康的产品。我们希望这个柜子能给猫咪和它们的主人带来价值。这款产品的外观就很吸引人，而且还能满足猫咪的多种需求，如躲藏、抓挠、窥视、玩耍和睡觉。"

书中还有一部分产品是由喜欢动物的人设计的，如A Cat Thing是用瓦楞纸制成的纸箱。设计者用大量的时间观察猫咪，以求为猫咪创造既安全又有趣的环境，从而使它们获得满足感和归属感。"今后，宠物家居用品的设计会更多地从宠物的角度出发，为它们的健康和幸福着想。人们开始更多地关注它们真正的需求。在人们心中，宠物更像是朋友和家庭成员。这一点至关重要，这意味着人们是真的在意它们。"A Cat Thing的设计师这样说道："我们收养了猫咪莉莉和它的哥哥。那时莉莉受了很严重的伤，它们和救助中心的很多猫生活在一起，后来经过长途运输来到我们家。在刚开始的三天里，它们不吃不喝。我们为此非常担心，这时一位养了两只猫咪的朋友建议我们给它们找个纸板箱，我们照做了。莉莉马上藏了进去。大约一个小时之后，莉莉仿佛重获新生，甚至开始吃东西了。从那时起，我们开始收集纸板箱。我们也没想过要做什么产品，只是想让猫咪感到安全、快乐。我们开始鼓捣盒子，将它们做成小房子。我们本身都是建筑设计师，因而有把一切变成建筑的热情。渐渐地，我们想出了一个模块化的概念，让整个结构变得简洁，也易于组装。给猫咪使用的东西必须简单、有趣、安全，还要美观。作为建筑设计师，我们希望我们设计出来的东西保持时髦又简约的风格，能够成为空间中令人赏心悦目的元素。这是一个不断试错，也非常耗时的过程。我们为两只猫做了几个模型，它们用行动告诉我们它们喜欢什么，不喜欢什么。它们说了算。"

对很多设计师来说，与宠物的亲密相处使他们的灵感源源不断。德米尔说："由于疫情，我被困在家里两个月。我想设计一套特别的东西，没有人会想到我会设计一套宠物家具。为了筹集资金，我把车卖了。"可持续性和安全性似乎也是很多设计师未来在为宠物产品选材时所要考虑的问题："天然木材和100%纯棉面料可以让宠物远离化学污染，也不用担心锐利的棱角划伤它们的眼睛和脸。"

显然，对所做之事的热情能够让一切变得与众不同。这种热情在本书收录的很多项目中都有所体现，我们可以通过这些项目了解当下宠物家居用品的风格和富有创意的理念，但这本书的目的并非仅此而已。如今，营造适合宠物生活的家居环境需要考虑的不仅是宠物产品本身，还包括房屋的设计。本书中很多富有创意的解决方案有助于我们打造可以提升宠物舒适度和参与感的家居环境，如壁毯、天桥、通道、猫爬架等。显然，我们有很多选择。从细木工制品到攀爬区、猫跳台、猫道，到覆有毯子的攀爬墙和剑麻纤维材质的猫抓杆，专门为了宠物而对家居环境进行设计和翻新的探索是广泛而多样的。

除了猫咪，狗狗也迎来了自己的巅峰时刻，书中的很多作品是专门为家中的狗狗设计的，例如，全景景观别墅、谢里登的家、玩乐岛和威思罗后巷屋。与为猫咪设计的家居用品一样，这些项目的设计师对狗狗的习性进行了深入探究，不仅设计出了与狗狗的个性和需求相匹配的专属空间，还为家居环境增添了趣味性。

North 工作室详细阐述了他们的观点："在对房屋进行设计时，我们会考虑业主家中的宠物的需求。通常情况下，在对家居环境进行设计时，我们只是从人类的角度进行思考，现在则需要转变思维模式。我们喜欢把宠物当成客户，了解它们的需求。我敢肯定，翻阅这本书的读者也会觉得宠物是可爱的家庭成员，它们应该有属于自己的空间。与人类一样，狗狗和猫咪也有自己的个性。它们中有的是幽闭恐惧症患者，有的喜欢攀上高处，有的坚持睡在床脚。所有这些都是设计师需要考虑的重要因素。我们知道狗狗喜欢待在一个可以将屋内一切景象尽收眼底的地方，因为它们觉得自己是'族群的领导者'。它们也想拥有一个舒适、安全、离主人近的地方。很多时候，我们可以根据宠物的身形、尺寸，在桌子下、壁龛内、床架下等地方为它们找到合适的位置。"

关于威思罗后巷屋这个项目，设计师是这样说的："我们知道这是为一只名叫斯宾塞的博美犬打造的，因此，这个小屋不会很大。斯宾塞喜欢在舒适的角落里睡觉。它其实是一只看家犬，所以我们想在房子里找到一处中心位置。我们决定让它的小屋融入木制装饰墙。更为巧妙之处在于，小屋是卧室墙一侧柜子的一部分，所以柜门打开后，这里就变成了进入卧室的通道。这样一来，在晚上睡觉和白天活动时，斯宾塞都可以与家人亲近。宠物的身形、尺寸和个性各不相同，因而为有宠物的家庭设计室内空间是一次有趣的挑战，重点是如何最大限度地利用空间。"

谈到宠物，物质上的消费不足以展现我们对宠物的重视程度，这只是一个开始。在为"毛孩子"打造让它们满意的环境时，我们真的需要竭尽所能。

如今，很多家庭的居住面积都在缩减，富有想象力的宠物家居用品需要兼具实用性和美观性，以满足宠物及宠物主人的双重需求。勒夫克兰茨强调："猫是非常受欢迎的宠物，但人们往往忘记了存在于它们基因里的野性。猫的主人应当考虑为猫提供窥探和狩猎的机会，并为它们提供一处可以藏身的地方。如果生活空间过于狭小，它们就没法去做这些事情了。"

如今，宠物在家庭中的地位越来越高，它们对主人无条件的爱和陪伴都是无比珍贵的馈赠。想象一下，住在漂亮的家中，还有一只惹人爱怜的狗狗或蜷成一团的猫咪（如果你愿意，可以是很多只）趴在你腿上香甜地睡着，这对爱宠人士来说绝对是最美妙的时刻，很难有什么可以与一条毛茸茸的尾巴耷拉在你伸直的腿上，或是和躺在你旁边的"毛孩子"互动所带来的那种幸福感相提并论。但城市化进程加快、房价上涨、人口密集等情况导致人类很难满足宠物的天性了，它们的行为也因此变得怪异，甚至变得郁郁寡欢。这本书可以帮助设计师获得宠物家居设计方面的灵感，让"毛孩子"拥有幸福快乐的成长空间。本书收录的众多项目都体现了宠物在家庭生活中的重要性。与它们生活在一起，心与心的连接才是最重要的。

全景景观别墅

完成时间：2017

设计：123DV事务所

摄影：汉娜 · 安托尼斯兹（Hannah Anthonysz）

养宠物的人通常会对他们的“毛孩子”十分关注。有什么能比一个可以 360° 全方位观察宠物的全景别墅更完美的呢？

这栋圆形的房屋是为两只阿拉斯加犬和它们的主人量身打造的。设计师采用玻璃屏墙扩展了视野范围，这样业主夫妇就可以随时看到他们的宠物在室内外的活动。房屋的天花板巧妙地“探出”屋外，形成

类似屋檐的结构，当两只阿拉斯加犬在户外活动时，可以为它们遮阴挡雨。在靠近厨房和卧室一侧的缓缓升起的小坡上，有一座神秘的小花园，这样主人在烹饪时可以与花园里的爱犬在同一视线高度下进行交流。这个平缓的小坡还能阻隔来自外部街道的视线，增加房屋的私密性。

这栋住宅面积不大，但其新颖的设计营造了一种开放、自由的氛围，让业主夫妇可以与两只爱犬愉快地生活。

抗震又稳固的猫之家

完成时间：2019

设计：Hitotomori建筑事务所

摄影：川田裕仁（Hiroki Kawata）

这栋房屋在之前翻修时赠加了一系列抗震支撑柱，它们占用了一定的使用空间。如今，业主希望增加可用的空间，这给设计师带来了不小的挑战。最终，设计师打造了一个非常适合猫咪生活的饶有趣味的环境。

这栋房屋住着一对母女和她们的两只猫。为了延长房屋的使用寿命，增强房屋的稳定性，设计师修复了墙体的裂缝，减轻了屋顶的重量，并且在不改变外观的情况下对房屋结构进行了抗震处理。

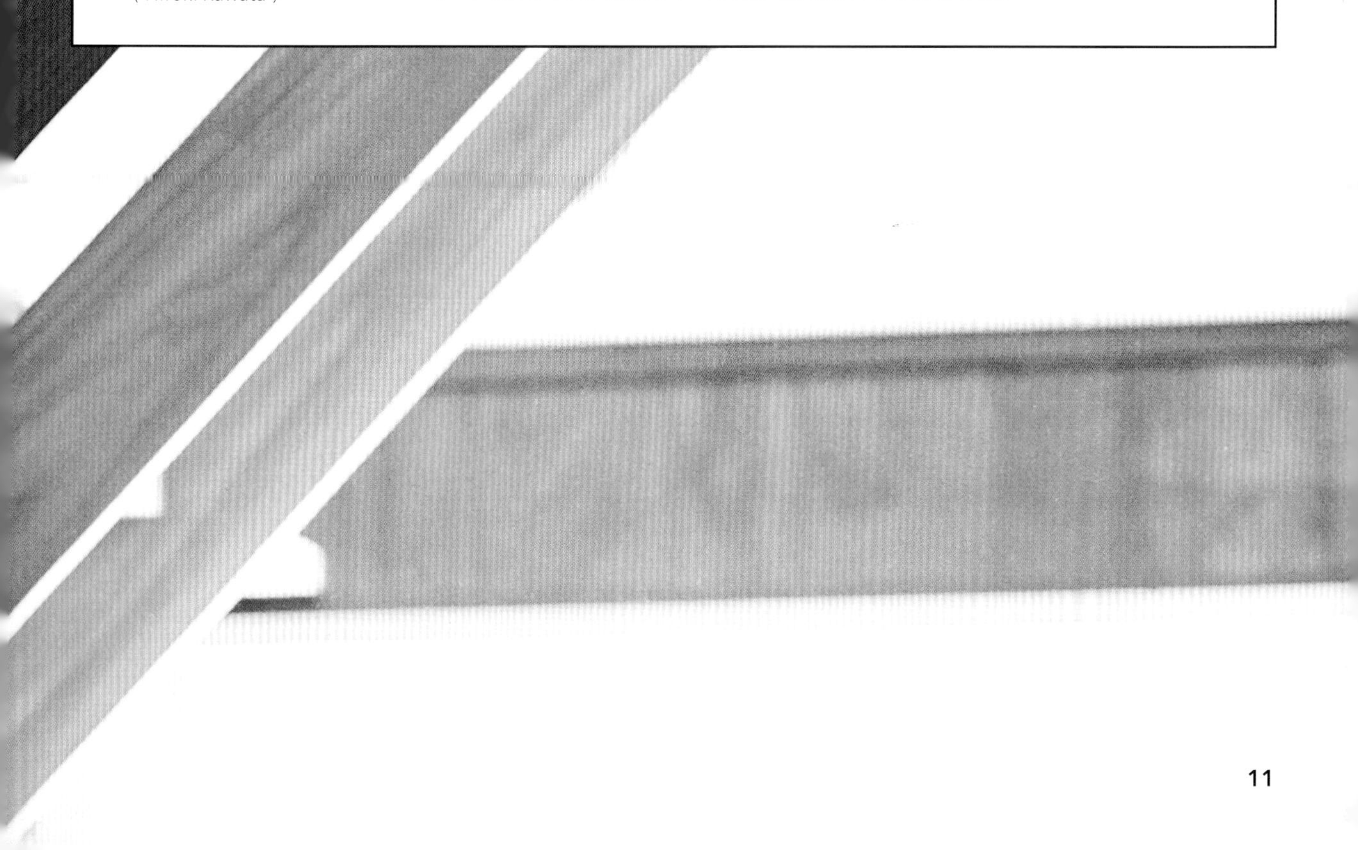

前面提到的木制抗震支撑柱虽然破坏了空间的美观性，但因为猫咪喜欢，所以设计师利用这些结构做了精心的设计：用精致的猫咪走道取代了灯带，猫咪可以乐此不疲地从走道的一端奔向另一端，在那里游荡、探索。众所周知，猫喜欢居高临下，这些支撑柱正好满足了它们的喜好。门廊和房梁之间设有透明的隔板，以便对猫咪的活动空间进行划分。这些隔

板上切割出了符合猫咪身形、尺寸的洞口，这样猫咪就可以自由地在各个空间中穿梭，跟着主人在房子里走来走去，同时还能享受属于自己的空间。

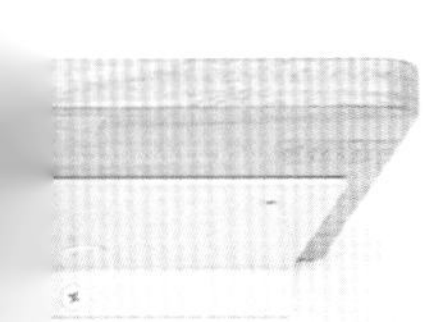

我的家，你的家

完成时间：2019

设计：Alegre Design工作室

摄影：巴勃罗·博斯（Pablo Bosch）

猫咪喜欢待在高处，或者在那里观察人类的活动，或者在那里打盹。这套组装式壁挂产品可以组合成不同形式的具有趣味性和互动性的装置，同时还为猫咪提供休息区。猫咪可以遵循天性，尽情享受跳跃、攀爬的乐趣。最重要的是它们可以待在高处，俯瞰下面的世界。

猫咪休息处的造型很像房子，这个舒适的结构让它们非常满足地待在自己的地盘。同时，侧壁和屋顶上的开口也迎合了它们好奇、爱玩的天性，因为我们知道如果设置开口，猫咪就一定会把头伸进去，即使空间

狭小，它们也会挤进去。如果有类似屋顶的结构，它们一定会蹲坐在下面。

这一系列的产品还包括可供猫咪打盹用的托架，猫咪可以舒服地趴在上面。当猫咪和主人玩累了，便可以回到舒适的小房子里休息，享受独处时光。

猫屋

完成时间：2017

设计：WOWOWA建筑事务所

摄影：玛蒂娜·格莫拉（Martina Gemmola）

这是一栋墨西哥风格的住宅，里面居住着一对夫妇、两只狗和两只猫。这栋住宅是对维多利亚时期一栋工人居住的小屋进行二次改造的结果，设计师对空间、灯光和多功能家具进行了优化，为业主夫妇量身打造了一个舒适的空间。护壁板木条向外探出形成了壁架。这些护壁板木条由回收的有着150年历史的木材制成，半圆形的切口使猫咪可以从壁毯畅通无阻地飞奔到凉爽的猫咪走道——对活泼好动的猫咪来说，这里简直是游乐场，因为它们非常喜欢攀爬墙壁。这条走道沿着走廊一直延伸

到主卧和浴室，两只活泼的猫咪可以在上面尽情奔跑。两只毛茸茸的猫咪在巧妙的设计和智能家具所创造的开放、通风的空间中休闲度日。

一体化的细木工组件有助于节省地面空间，特别是在住宅面积有限的情况下，这样的设计给家里的宠物狗留出了更多空间。充足的自然光线从天窗倾斜而入，使房间充满阳光，同

时营造了良好的氛围，让对黑暗空间非常敏感的宠物狗倍感轻松和自在。有时，它们还会一脸茫然地看着两只疯狂的猫咪在墙上乱窜。

宠物窝（猫床款）

完成时间：2018

设计：pidan

摄影：pidan

对猫咪来说，它们其实每天除了吃喝与玩耍，大部分的时间都在睡眠中度过。所以和人类一样，床（窝）差不多是猫咪使用率最高的用品了。

猫床需要给猫咪提供踏实的包裹感以及舒适的支撑感，同时还需要做到材质优良、耐用。这款方框型的猫床便是以这几个方面为出发点而设计出来的一款产品。

它的框架由多层板制成，边沿弯曲的圆角造型犹

如一个温暖的怀抱，让猫咪可以在里面安睡。不同大小的软垫层叠配置，给猫咪的身体与头部足够的支撑。猫床的底部还配有硅胶防滑垫，使其不易滑动，保证了产品的稳定性和安全性。

猫爬架（几何款）

完成时间：2018

设计：pidan

摄影：pidan

第一眼看上去，这个令人困惑的方形迷宫像是一个设计前卫的书架，给人留下了深刻的印象。木制方形框体穿插层叠，形成了多个平面和半包围的空间。使用者甚至可以用它来隔断空间，摆放家里的小型盆栽、书籍、摆件或者日用品。侧板上的圆形开口以及剑麻绳是猫爬架设计的灵魂所在。六个方框从大到小，一个套一个，可以实现最小化收纳。

ALSO
MEMOIRS OF A GEEZER
有猫

有别于常见猫爬架的螺丝拼装结构，这个猫爬架的安装方式非常简单，不费一钉一铆，仅通过插榫的方式便可组装成形。每个方形框架都有圆形的开口结构，将它们组合成一个单元时，这些开口结构就变成了入口，猫咪可以由此进入，去探索几何爬架的不同区域和层级。设计师创造了多重平面，猫咪可以在这里尽情玩耍。

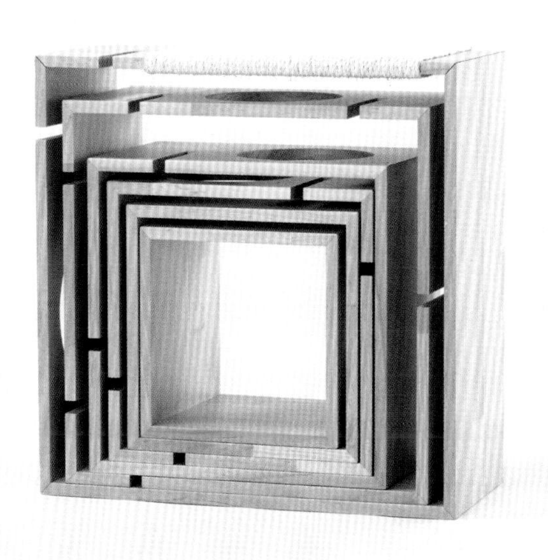

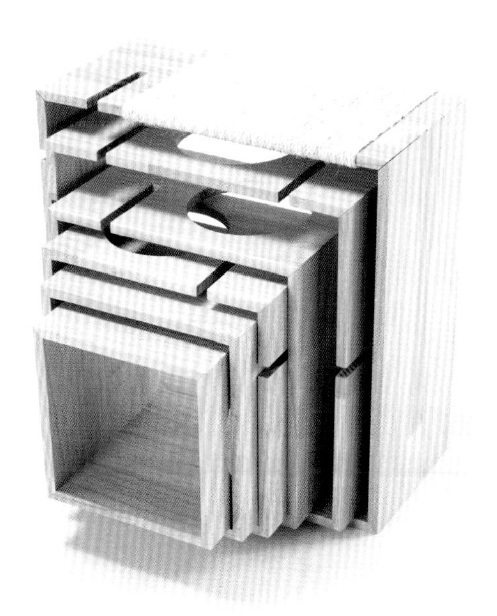

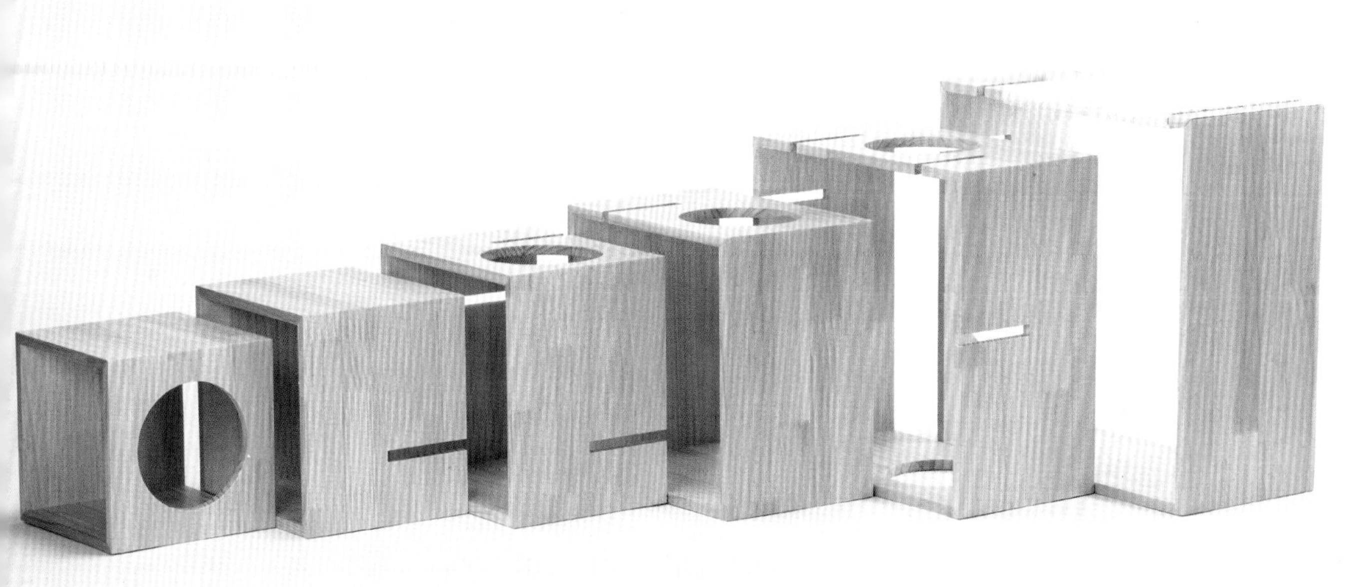

宠物窝（蛋挞款）

完成时间：2018

设计：pidan

摄影：pidan

猫窝是猫咪休憩的小型场所，也是养猫一族居家环境中最重要的部分。

猫窝需要满足猫咪的天性和它们对舒适度的要求，同时也要融入人居环境，让猫咪与主人产生更多的情感联结。这款蛋挞形的猫窝正是设计师通过对以上概念的理解和巧妙构思后应运而生的。

设计师将蛋挞香甜的味觉记忆与猫咪的软萌可爱巧妙地融合在一起。猫窝深盆式的注塑窝体内部填充了饱满、舒适的窝垫，既满足了猫咪休息时对于安全感与舒适性的需求，也给整个家居空间带来了一丝香甜的气息。床底（蛋挞皮）的边缘设计得很高，以便给猫咪提供足够的归属感。

宠物窝（吊床款）

完成时间：2017
设计：pidan
摄影：pidan

三角床相对于其他形状的宠物床占地面积较小，在提升猫咪生活质量的同时，可使主人不会因为居住空间中增加了一件物品而产生拥挤和不适之感。

三角形结构本身的稳定性极佳。设计师还采用铜合金螺丝锁固定整个猫窝，更增加了猫窝的稳定性。

床体采用榉木制成。榉木有良好的硬度和韧性，且每一块木材都经过高温处理，表面用环保木蜡处理，不含甲醛。窝布加入弧边设计，让猫咪有更大的蜷

窝面积。

雪尼尔绒布料则可以给猫咪温柔的呵护。通过对面料的升级处理，除了保证其高度的柔韧性和光泽度以外，还增强了抗污渍能力，清洗维护也更方便，因此，猫床的使用寿命也更长了。

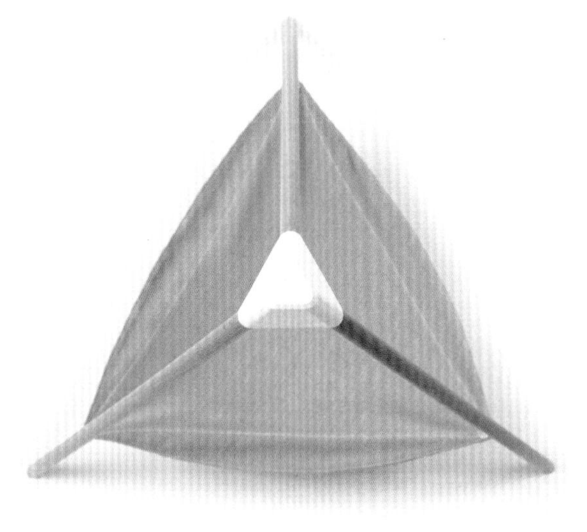

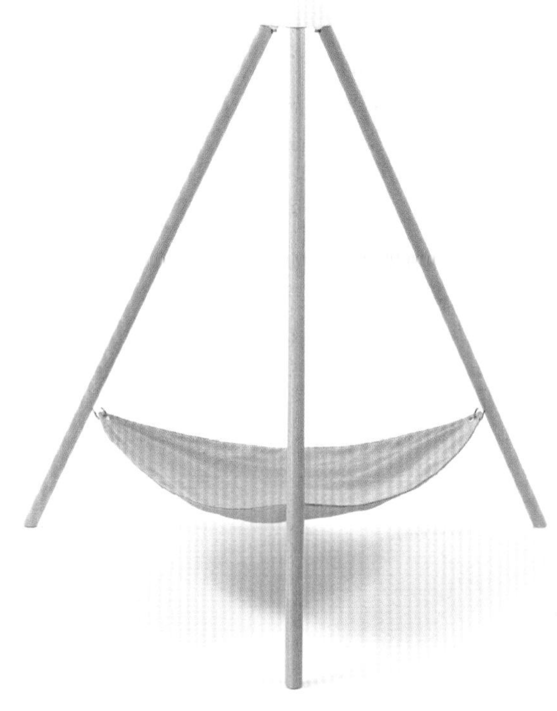

正面还是反面？

完成时间：2013

设计：nendo设计公司

摄影：吉田明広弘（Akihiro Yoshida）

这个狗屋看起来像是科幻电影里的东西——就像是太空探险家建立的外太空基地，会让狗狗觉得自己是个太空战士。压平、卷起后的小屋又变成了一张舒适的床，而且非常具有太空感，好像一艘宇宙飞船。

狗屋最神奇的地方在于三角板相连而成的多边形网状结构使每件物品可以轻松地改变造型，变成具有新功能的物品。例如，配套的餐具只需翻转一下就能拥有不同的功能：一面是

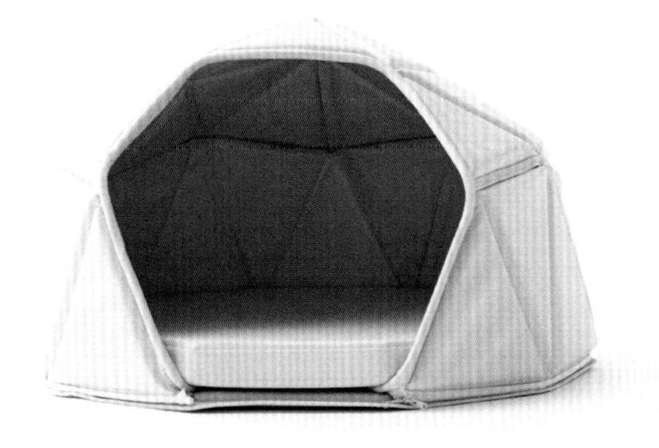

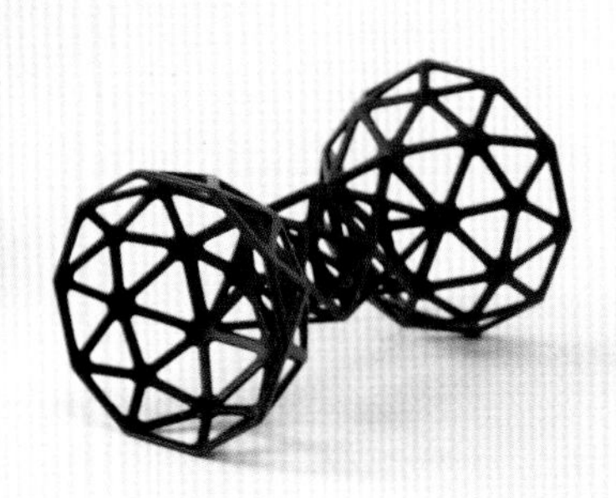

深口水碗，另一面是浅口食盆。这个系列的产品还包括一个狗狗用的餐具，以及一个橡胶骨玩具球。

这个系列有黑、白两种颜色，可以与不同的家装风格相协调。用合成皮革制成的小屋非常舒适，狗狗既可以藏在里面，又可以趴在上面，在遨游太空的星际梦中睡得安稳、香甜。

几何造型宠物床

完成时间：2016

设计：nendo设计公司

摄影：吉田明広弘（Akihiro Yoshida）

这款宠物床造型多变，可以根据使用场景、家居空间的面积和狗狗的喜好而改变。这里所提的“面积”不光是指屋子的面积，还考虑到家中可能会因新的宠物成员加入而变得拥挤。

这款产品没有采用大多数宠物狗用品和配件经常用到的圆形设计。设计师希望向市场和宠物的主人展示一些新潮的、与众不同的东西。主要的设计风格被定位为简约、时尚。其 3D 几何造型最引人注目，而且可以与不同的室内空间相协调。

由于它的造型是多变的，宠物可以从中获得多重乐趣。如果你打算给狗狗找个玩伴，也不用担心，只要将床中央的拉链拉开,它就变成了两张宠物床。这种有趣的设计将不同颜色的两个部分合在一起，创造出独一无二的外观。

这个宠物床可以直接被压扁，用作狗狗午后小憩的舒适软床。同时，它还可以用作狗狗的小屋，让因为下雨无法出去散步而感到不开心的狗狗有了可去之处。

猫的移动城堡

完成时间：2019

设计：杭州吾尾宠物用品有限公司

摄影：尾巴生活

“我要告诉全世界，我有猫了！”“晒猫”，似乎是一种比“秀恩爱”和“晒娃”更狂热、更高级的炫耀方式：“秀恩爱”遭人嫉恨，“晒娃”难免被嫌弃，“晒猫”则通常会被“羡慕”包围。除了在社交平台上“PO”照片和视频，带猫出门也开始流行起来。一款好看又轻便的猫包，成为比大牌包更加珍贵的“刚需”。

由此诞生的“猫的移动城堡”猫咪包是一款绝对吸睛的猫用

尾巴生活

旅行包。全透明视窗加另类球形结构，像是一个专供猫咪居住的“移动城堡”，可以随时自由移动，无论在哪里都会让猫咪成为焦点。但别忘了，安全始终是第一位的。球形结构 + 全磨砂材质给猫咪充足的坐卧空间和安全感；28 个通风口 + 一面透气窗则可以确保全舱通风透气；四脚落地设计可以随时解放主人的双手，保证“城堡”平稳不晃动。

带着猫咪去短途旅行、参加社交活动才是“猫系”青年的理想生活方式。

尾巴生活

D&C小屋

完成时间： 2017

设计： Kononenko ID工作室

摄影： 安德里 · 波多罗日内（Andrii Podorozhnyi）

有动物和人可以共用的家具吗？有！

有什么可以比你所爱的宠物朋友一直待在你身边更好的呢？隐藏在家中黑暗角落的传统宠物床已经不再受到追捧，D&C 小屋这样的使宠物的空间与主人的空间融为一体的宠物装置开始逐渐流行起来。

简单来说，D&C 小屋是一件多功能家具——将宠物窝、桌子和储物柜等功能整合到一起，为宠物提供私密空间的同时，也为家居空间提供了更多的功能支持。小屋使用了高品质的材料和低过敏性布料，结实耐用。整体上醒目、实用的设计配以现代风格饰面，使 D&C 小屋可以与多种室内设计风格和谐相融。这个小屋还可以用作托架或是边桌，供主人在舒适的阅读角落里摆放一杯茶。想象一下，小桌下面还藏着一个可爱的朋友，还有什么是比这更美妙的吗？

威思罗后巷屋

完成时间： 2017

设计： North工作室

摄影： 马克·埃里克森（Mark Erickson）

为猫科动物定制属于它们的生活空间往往比为犬科动物定制生活空间容易得多，因为可以为猫咪打造的元素比狗狗要多一些。毫无疑问，狗狗的内心和灵魂非常简单，它们只要能靠近主人就会很开心。然而，这并不意味着为它们打造的空间就不需要创意。

这栋两层楼高的房屋位于加拿大的卡尔加里市，房屋集一系列有趣的设计于一体，为狗狗和它的主人提供了一个温馨的居所。这栋房屋的前后都有马路，被称为“后巷屋”。尽管预算和可使用面积有限，房屋的整体设计却

处处都考虑了狗狗的感受。

设计师在房间里加入了很多巧思，例如，狗狗可以通过梯子进入阁楼书房，也可以通过消防滑柱回到一楼。为狗狗准备的舒适的小窝位于开放式起居区的一角，这样一来，狗狗就可以跟它最爱的主人待在一起了。小窝嵌在墙内，狗狗可以通过墙上的圆形开口进入属于它的私密空间。这里非常安全，也便于狗狗休息。设计师还考虑到犬科动物的本能——想休息的时候就会钻进窝里。显然，这个小窝是狗狗眼中的秘密基地。

爱书人士和猫咪的家

完成时间：2016

设计：BFDO建筑事务所

摄影：弗朗西斯·德兹科夫斯基（Francis Dzikowski）

有书的地方就会有书架，你知道这意味着什么吗？书架将成为爱冒险的猫科动物的玩乐空间。设计师对这个概念进行了深化，并加入了一些补充元素，为家中可爱的小猫咪们创造了安逸的生活空间。

这栋住宅利用色彩和光线为居住者营造了明亮的空间。房主还养了两只害羞、好奇的猫咪。它们的小窝位于高处，所以它们总是能快速地躲开陌生客人。这栋房子最特别的地方是起居空间内一整面墙

ESOPUS
POET
POETRY
TRY

NINA KATCHADOURIAN CURIOUSER

的书架，猫咪通道便位于书架的上方。猫咪可以沿着探出书架的结构形成的台阶进入通道。这条开放式的通道像是一个制高点，猫咪可以先从远处试探性地观察一番，然后再决定是否来到起居空间的中央玩耍。这也让它们不会因主人的临时聚会和客人的来访而变得紧张。如果不想待在这里，它们还可以通过通道两端与楼上房间连通的活板门悄悄地溜到楼上玩耍。在阳光明媚的日子里，天窗和大扇落地窗将温暖的阳光引入客厅，让猫咪可以在它们最喜欢的角落里无忧无虑地晒太阳。

肉垫

完成时间：2015

设计：马岩松，党群，早野洋介（Yosuke Hayano）

摄影：依田浩司（Hiroshi Yoda）

“设计：为了爱犬”展览于2015年8月8日至10月11日，在上海喜玛拉雅美术馆展出。该展览由日本平面设计大师原研哉发起策划，邀请了马岩松、隈研吾、坂茂等13组国际知名建筑师和设计师为不同品种的狗设计家居用品，试图通过作品在人和狗之间建立情感上的连接，并鼓励人们从动物的角度重新观察、审视世界。马岩松应邀为自己的拉布拉多犬设计了一个宠物用垫。

马岩松以拉布拉多犬依恋主人、活泼好动、喜吃肉这三个天性，设计了三款名为“肉垫”的手工编织褥垫。宠物垫由三种不同颜色的毛线手工编织而成，凸显出肉深浅不一的纹理。这三款陪同拉布拉多成长、玩耍的肉状线毯也为拉布拉多提供了一方与主人共处的舒适空间。

萨夏公寓

完成时间：2017

设计：SABO Project

摄影：亚历山大 · 德劳内

（Alexandre Delaunay）

猫是非常固执的动物，即使你说“不”，它们也会明目张胆地无视，想方设法、偷偷摸摸、等待时机……它们非常叛逆，总是想要证明它们才是真正的老大，而且总是在你的眼皮底下下手，所以养猫一族的家中经常会出现各种让人忍俊不禁的场景。

这套位于巴黎的复式公寓用到了多种设计元素来放开边界，使空间看起来更加开阔。螺旋式楼梯将两层楼连接起来，卧室位于楼下——这个区域对于猫咪来说是自由开放的，而二楼的楼梯通道则被藏在一扇弧形门后。相比之下，二楼的起居空间更是猫咪的天下。它们

可以赖在这里一整天，也可以通过特殊的猫咪通道——隔断和门上的拱形开口进入家中的各个区域。

我们知道猫咪非常喜欢和主人藏猫猫，来无影去无踪，躲到隐秘的地方。厨房的橱柜里就有一个舒适的角落，猫咪可以偷偷溜进去，还可以通过橱柜里的另一条猫咪通道进入它们的私密空间，在不受人类打扰的情况下幸福地打个盹。

Juggernaut猫爬架

完成时间：2020

设计：Catastrophic Creations

摄影：迈克尔 · 威尔逊（Michael Wilson）

为宠物搜集它们喜欢的娱乐装置是其主人的一大乐趣，尤其是按照猫咪的个性为它们定制爬架，甚至根据它们的体能等身体条件定制爬架组合。Juggernaut 猫爬架可以帮助猫主人实现这个想法。例如，它们可以为年纪大的猫咪提供低一些的架子，以保护猫咪的关节，还可以为喜欢跳跃的好像长了翅膀一样的年轻猫咪设计宽一些的跳台。

这套猫爬架由猫咪喜欢的各种元素组成：吊床、猫桥、猫抓板、攀爬杆、跳台、休息区和花盆。尤其是花盆，可以种上猫咪喜

欢的植物，也可以用作喂食站，让猫咪觉得自己是在猎取食物，这是它们的本能。这套猫爬架的设计团队中有很多人养过猫，他们花了很多时间与自己的猫咪互动，观察猫咪的使用体验，以此对产品进行测试。可以发现 Juggernaut 猫爬架为猫咪提供了重新认识自然行为的机会。同时，便捷的模块化设计允许使用者通过 Catastrophic Creations 的其他组件来扩展这款猫爬架。多种体验可以使猫咪与生俱来的本能得到满足，猫咪也就不会因焦虑而出现行为问题了。当主人看到猫咪在猫爬架上自得其乐，仿佛回归丛林的野生美洲豹时，一定会心生欢喜。

猫咪树

完成时间：2017

设计：小宫山洋（Yoh Komiyama）

摄影：见学友宙（Tomooki Kengaku）

猫咪总是有自己的想法：在温暖安静的角落里给它铺一张床，它却跑到笼子里睡觉；给它买了老鼠玩具，它却玩起了你的袜子。很多时候你就是斗不过它，但有了这款猫咪树，情况就大不一样了。

这款猫咪树是用硬木打造的，做工讲究，很有艺术气息。从外观上看很像屏风，为顽皮的猫咪提供掩护，但你仍能看到你的“毛孩子”在里面调皮捣蛋。众所周知，猫咪喜欢躲猫猫，所以当你从猫咪树旁走过时，它会偷

偷地伸出爪子来抓你。同时，猫咪很享受在这隧道般的圆柱体里面爬上爬下，它们觉得没有人可以看到自己，因而将自己顽皮的个性展露无疑。

如果你的“毛孩子”玩累了，猫咪树上的平台上有足够的空间供它打盹和休息。当太阳出来的时候，平台就变成了一处晒日光浴的理想场所：阳光透过“屏风”照进猫咪树内，它们在感受到阳光的温暖的同时，又能窝在一个阴凉的角落里。大理石底座的设计灵感源于一只趴在屋外地面上的猫咪——它在利用地面给自己降温。

用瓦楞纸打造的乐园

完成时间：2018

设计：A Cat Thing

摄影：Heycheese

每只猫咪都有着独特的个性：有的喜欢高高的平台，有的喜欢阴暗的角落，还有的喜欢卫生间的洗脸池。但如果说有什么是它们都喜欢的，那一定是纸板箱！猫咪喜欢在纸板箱里坐着、翻滚、躺着……总之在里面做什么都可以。

这组纸板箱乍看上去没有什么特别之处，但是作为猫咪的

家具，它绝对是优秀的产品。一组产品共有四块纸板，可以任意堆叠，打造出属于自家猫咪的专属小屋，让调皮的“毛孩子”在里面放飞自我，尽情跳跃、攀爬、磨爪子。此外，你还可以用更多的模块来扩展猫咪的游戏空间。例如，用折纸的方式牢牢地固定这些模块，可以解决负重的问题，即便你心爱的猫咪是个小胖子也不用

担心。组装说明也简单易懂，你不会落下任何一颗螺丝钉。同时，这组纸箱还非常环保，产品和包装都是可回收的，且安全无毒，因此，即便猫咪在玩耍时咬到了哪个部分，也不用担心会对它们的健康造成影响。

宠物乐园

完成时间：2019

设计：Sim-Plex设计工作室

摄影：林揆沛（Patrick Lam）

饲养宠物后，年轻的业主夫妇便待它们犹如家人。“毛孩子们”各有个性，又需要独立空间，而业主重视亲情，选择与妈妈同住，以便相互照顾。于是，Sim-Plex 打造了这样一个照顾到两代人不同生活习惯的适合宠物牛活的新居。

业主夫妇养了一只鹦鹉，而他们的妈妈则有一只跟随她多年的猫。鹦鹉待在一个大笼子里面，需要阳光，偶尔需要放养。Sim-Plex 与屋主多次协商后，决定将鹦鹉笼置于客厅大窗前的矮柜上，这样阳光在下午便可以照在

鹦鹉笼上；客厅的三道玻璃屏风门亦可在放养鹦鹉时合上，以防鹦鹉与猫直接接触。

虽然房子面积不大，又有三人居住，但他们希望猫咪有宽敞的空间可以走动。设计团队在门口设计了一个猫厕，平时还可作为业主换鞋用的凳子；餐厅储物柜的中空位设有圆洞及走道，供猫咪自由走动；衣柜下方设有猫屋。所有木制家具均使用了生态环保型三聚氰胺板为饰面，这种板材的甲醛含量低，为宠物和主人营造了健康的家居环境。

“立方体”和“球体”

完成时间：2017

设计：Meyou

摄影：Meyou

Meyou 设计的这款系列宠物床是为猫咪定制的家具，在为猫咪提供舒适体验的同时，还能满足业主对美观性的追求。该系列猫床分为两款：“立方体”和“球体”。它们都是用天然材料手工编织而成的——既为“毛孩子”提供了舒适的小窝，又迎合了它们的天性。弧形线条为猫咪创造了理想的藏身空间，让它们在不被发现的情况下观察身边的人类。

“立方体”是在方形框架内塑造了一个柔和的大“织物球”，配套的“抱枕”可以让猫咪获得舒适的睡眠体验。从远处看，方形框架内支起柔软的罩篷，不但简约、美观，其功能性也足以满足现代家居环境的需求。这款宠物床

共有七种颜色可供选择，可以根据主人的心情随意更换。如果罩篷被猫咪抓破了，还可以拿它做猫抓板。

“球体”也有七种颜色可供选择，手工编织的棉茧插在坚硬的

山毛榉和金属支架上，颇具时尚感。与“立方体”一样，当室内装潢、家具或整体配色发生变化时，可将手工编织的棉茧取下更换。这样一来，当你在享受全新的家居环境时，你的“毛孩子”仍然可以睡在它熟悉的小床上，即便小床外面已是另一番景象。

“留声机”猫床

完成时间：2017

设计：Meyou

摄影：Meyou

猫咪喜欢占据有利位置——尤其是那些家里隐蔽的角落：你可能会在梳妆台上正摇着尾巴的五公斤重的猫身下找到你的零钱和钥匙；又或者当你打开冰箱找吃的时，会发现两只发光的眼睛正窥视着你。为了避免上述情况发生，如今在对猫咪家具进行设计时，设计师会将猫咪的自然行为习惯考虑在内，并为它们量身定制多种有趣的元素。

这款 Meyou 设计的猫床由凸起的栖木和遮篷组成，奢华、舒适又精致，猫咪可以舒服地靠在带

遮篷的床上。在这里它们既能饱览美景，又不会受到过多的打扰。遮篷呈锥形，与底座相接，形成一个舒适的“口袋”，使人联想到留声机的喇叭。在阴雨连绵或烈日当头的日子里，你的猫可以开心地躲在里面。这款产品的遮篷有三种颜色可供选择，以搭配家中经常变化的装饰风格或是同品牌的其他猫床。

猫咪别墅

完成时间：2018

设计：Mango工作室

摄影：Mango工作室

如果你曾幻想过在自己的家里打造一个猫咪公寓，那你并不孤单，因为有过同样想法的人并不止你一个。

该系列猫咪别墅为宠物产品设计提供了全新的思路，养尊处优的“猫主子”可以懒洋洋地在里面休息，或是尽情地玩耍——那里永远都充满了新鲜感。别墅组合由卧室、娱乐室（挂着玩具）和磨爪屋（内有剑麻纤维材质的猫抓杆）组成。将不同的小屋和配件组合在一起，可以打造出不同类型的猫咪别墅。如果猫咪喜欢打盹，你可以在猫咪别墅中加入更多的卧室；如果猫咪过于活跃，你可以在猫咪别墅中加入更多的娱乐室。平坦的表面保证了结构的稳定性，猫咪可以以无限的热情征服它们心中的“高山”。

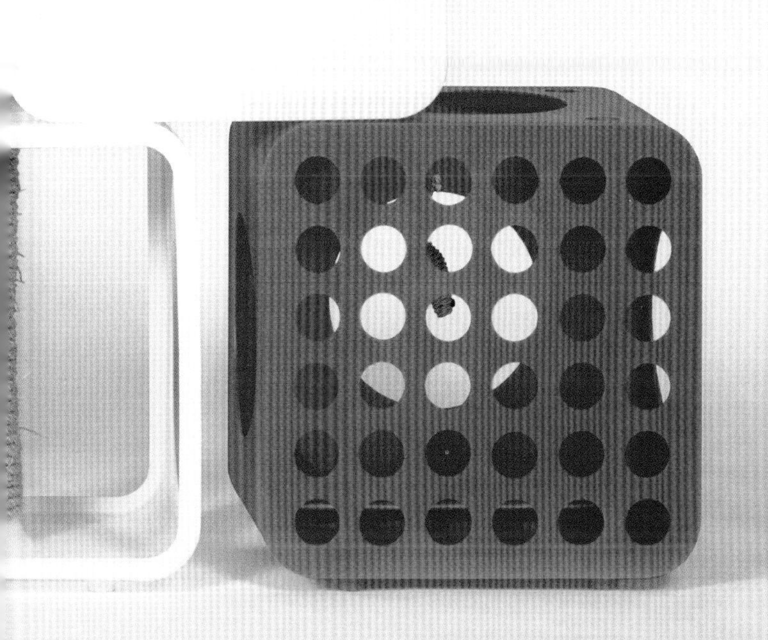

模块化的设计易于组装，让猫咪可以拥有属于它们的不同主题的乐园。如果空间有限，也可以拆掉部分结构，或是将几个小屋摞在一起，这样既能节省空间，又能满足猫咪的娱乐需求。

Lulu宠物床

完成时间：2019

设计：雷纳特 · 威泰斯（Renata Wites），艾达 · 布罗日纳（Ada Brożyna）

摄影：Labbvenn

我们常常会发现自己陷入关于美观和舒适的纠结之中。以女人的鞋子为例，如果这是一双“让人欲罢不能的”高跟鞋，那么一天之内，你的小脚趾一定会向你提出抗议；而如果这双鞋子看上去像是奶奶的乐福鞋，放心吧，你会有走在玫瑰花瓣上的感觉。值得庆幸的是，在挑选宠物家具时，你无须做出这样的取舍。即便是外观看起来非常时尚的宠物家具，也可以让你的“毛孩子”极为享受。Lulu 宠物床集美观与舒适于一体，适合小型犬或猫咪使用。这款床的设计精致巧妙，可以给宠物带来愉快的睡眠体验。

白蜡木的底座上摆放着絮棉枕头，弧形的靠背更增加了舒适感，让慵懒的猫咪或昏昏欲睡的狗狗倍感亲切。它可以是客厅的宠物沙发床，也可以是角落里供宠物梳理毛发和休息的躺椅。此外，这款宠物床有多种颜色可供选择，还可与同色的猫桌搭配使用，为宠物营造属于它们的客厅。

Kikko桌

完成时间：2019

设计：雷纳特 · 威泰斯（Renata Wites），艾达 · 布罗日纳（Ada Brożyna）

摄影：Labbvenn

这张桌子可以为猫咪和它的“铲屎官”带来愉快的体验。简单、典雅的外观，配上舒适的体验感，让人很难拒绝。

Kikko 桌采用传统的斯堪的纳维亚风格，线条简洁、流畅，没有过于繁杂的细节，但功能却非常强大，可供猫咪和人同时使用。可以说 Kikko 桌既是一张桌子，又可作为猫咪的休闲场所。桌面下方挂了一张猫咪吊床——由绗缝织物制成的吊床是猫咪绝佳的藏身之所，它们可以在这里思考“猫生”，或是午餐吃什么。当主人煮饭、打扫房间时，它们可以藏在其中而不被察觉。

吊床有四种颜色，易于拆卸，且可以扔进洗衣机里清洗。吊床上方的桌面好似遮篷，为猫咪提供了一个安全的庇护所，让它们可以躲在这里梳理自己的情绪。

白蜡木制的桌面也易于保养和清洁。拥有多只猫咪的家庭可以将 Kikko 桌和同品牌的 Lulu 宠物床搭配使用，为心爱的“毛孩子”提供不同的睡眠体验。

Loue宠物床

完成时间：2017

设计：Mowo 工作室

摄影：Labbvenn

看着心爱的狗狗香甜地酣睡是养狗人士最喜欢做的事情之一。看着那毛茸茸的朋友睡得香甜，听着它那湿漉漉的鼻子发出轻柔的呼吸声，你会感到非常满足。狗狗安稳地睡下，我们便可以安心地去处理其他事情了。

有营养的食物、充足的运动和一张舒适的床可以保证狗狗拥有良好的睡眠。Loue 宠物床由舒适的高品质材料制成，外观与现代装饰风格和谐统一。其整体设计非常简约，呈椭圆形，为狗狗提供了足够的空间。底座由喀尔巴阡山脉林地中的山毛榉制成，侧面略微向上延伸，形成了小小的床头板，靠在上面非常舒服。

床垫以弹性泡沫为填充材料——这种材料可以提供良好的支撑，那些因主人溺爱而发福的狗狗也可以安稳地在里面睡觉。床垫使用的面料既耐用又耐抓，其出色的透气性让狗狗感到凉爽、舒适。灰色的床罩与木制底座搭配，看上去和谐而温馨。

猫咪塔

完成时间：2019

设计：Jiyoun Kim工作室

摄影：Nod lab摄影工作室

在古老的文化里，猫咪被视作神灵。被崇拜的记忆以某种方式在它们的DNA中传承下来，这种记忆吸引着猫咪跃上高台，以超凡脱俗的姿态接受人们的膜拜。

这款猫咪塔是一个平台式宝座，既能让猫咪感到荣耀，又能让主人感受到猫咪神圣的陪伴。猫咪架兼具美观性和功能性，既尊重了猫的自我空间，又让高贵的它们昂首阔步，攀上顶部的平台。

三个金属柱上固定了五个圆形的桦木胶合板，可以为猫咪带来有趣的体

验。多个平台为猫咪提供了舒适的休息场所，它们可以在这里停留，眺望远方，思考“猫生”。猫咪在人们的仰视中度过了一天之后，还可以挤出时间在配有毛毡垫的平台上酣睡。

猫咪塔在形式上非常简约，但也是基于多方面考虑打造而成的。纤细的结构可以轻松适应空间面积的限制，与过去那种笨重的、四四方方的、被毯子覆盖的产品相比，这是一个巨大的进步。将它放在靠近窗户的地方是最好的选择，因为在那里，猫咪们可以一边享受高品质的生活，一边俯瞰它们的王国，或者欣赏窗外的美景。

Odense沙发床

完成时间：2019

设计：奥努尔汗·德米尔（Onurhan Demir）

摄影：穆斯塔法·厄兹巴伊（Mustafa Ozbay）

“我的狗把自己当成人类，而我的猫则认为自己是上帝。”这句话听上去非常真实。你有没有问过你摇着尾巴的朋友：“你确定你是一只狗吗？”你的狗也想像你一样享受生活：拥有属于自己的柔软沙发，坐在上面安静地休息。

Odense 沙发床看起来就很舒适。在狗狗和它们的主人眼中，这款沙发床不仅营造了家的感觉，还很有吸引力，你甚至会想象自己脱掉鞋子躺在上面是什么感觉。沙发床的铝制靠背配有舒适的毛绒靠垫，柔软的触感为狗狗营造了一种安全感，这样它也可以安心地躺在上面。环绕式靠背形成的倾斜角度可以给狗狗带来愉悦的感受，它们可以舒服地躺、靠，或是直接瘫倒在上面，总之什么姿势都可以。

考虑到安全性的问题，这款宠物用沙发床没有任何锐利的边缘和硬角设计，以免伤害到睡着的狗狗。沙发床所选用的材料也不含任何有害的化学物质。所有的设计都是为了给狗狗营造一个安全、舒适的休息环境，使它们能够感受到人类对它们的爱。想必即便是高高在上的猫咪都会想来感受一下这款软软的小床吧！

WEELYWALLY
Less and More
LES SCULP
PICASSO

Oslo狗床

完成时间：2019

设计：奥努尔汗 · 德米尔（Onurhan Demir）

摄影：穆斯塔法 · 厄兹巴伊（Mustafa Ozbay）

有人说，养狗人士和养猫人士有着很大的不同。是否真的如此，我们不必深究，但是设计宠物家具的人都有着一样的初衷：关心“毛孩子”的身心健康。当然，具有多功能的产品会更加受到“铲屎官”的青睐，因为这些产品可以同时满足宠物和主人的需求。

Oslo 狗床（其实猫咪也可能会喜欢）不光是一个单纯的宠物床，它还可以用作客厅的边桌、角落摆放报纸的支架或是床边的小书架。最棒的是，当宠物的主人忙自己的事情时，一转头就可以看到可爱的狗狗正在旁边守候着他 / 她，这种体验是最令人难以抗拒的。Oslo 狗床主要的设计灵感源于日本和丹麦的家具设计风格，线条简洁、边角柔软，同时边缘光滑，以避免伤到宠物的眼睛和身体，并且避免任何可能发生的擦伤。

在材料选择方面，设计师也进行了细致的考量。天然木材和纯棉布料不含任何化学物质，是设计师的首选；轻巧的铝制主体便于清洁和运输。为了进一步提高舒适度，设计师在床垫里塞满了优质纤维球，以便为狗狗营造温暖、舒适的睡眠环境。

Less and More
The Design
Ethos of
Dieter Rams
LES SCULPTURES
PICASSO
WEELYWALLY.

Weelywally小屋系列

完成时间：2019

设计者：奥努尔汗 · 德米尔（Onurhan Demir）

摄影：穆斯塔法 · 厄兹巴伊（Mustafa Ozbay）

喂养多只宠物的家庭一定充满欢乐。即便是同样的物种，个性也不尽相同，而有的家庭甚至会同时喂养多种动物。当然这会有一堆让你抓狂的事情发生，你会忙得不亦乐乎，却也乐此不疲！

Weelywally 这个小屋系列的每张宠物床都有自己的风格，展现了独特的设计理念，为室内空间增色的同时又不会显得突兀。该系列有三种可爱的形式，可供不同身形的狗狗和猫咪选用。三种床都是以小屋的形式出现的，其舒适的内饰和具有吸引力的庇护设计让它们有舒适、安全的感觉，深受宠物喜爱。

这一系列产品采用了一组柔和的色彩搭配，造型简单却赏心悦

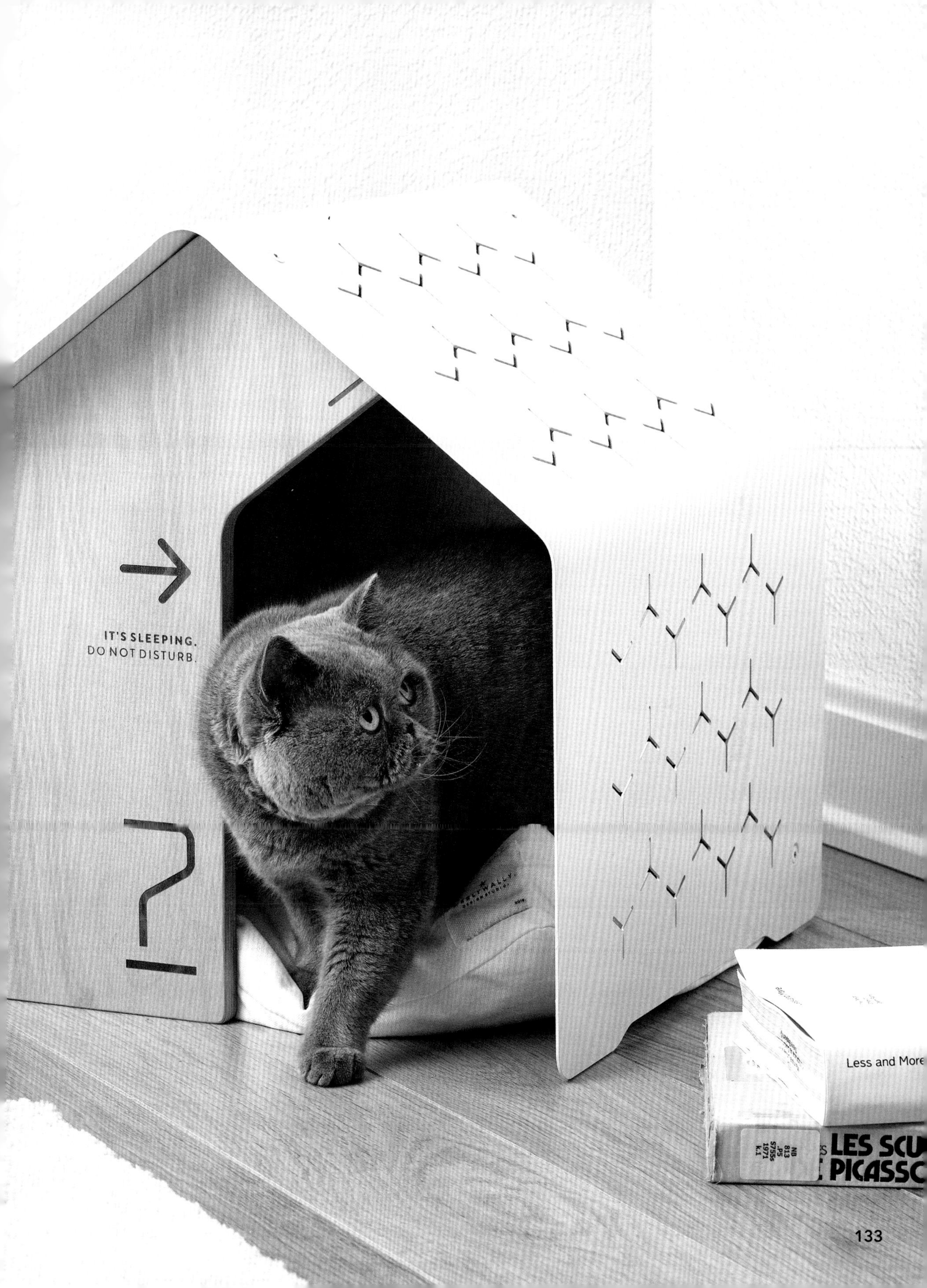
IT'S SLEEPING.
DO NOT DISTURB.
Less and More
LES SCU
PICASSC

目。产品设计的灵感源自荷兰建筑，现代风格的外观可以与各种室内装饰风格完美地融合。小屋顶部采用色彩鲜艳的花布装饰，而且可以随时更换。这样一来，主人可以根据宠物的个性为其选择不同风格的布料，让每一个宠物的房子都与众不同。

看着毛茸茸的小天使在小屋中酣然入睡，是件多么幸福的事啊！

WEELYWALLY.
IT'S SLEEPING.
DO NOT DISTURB.

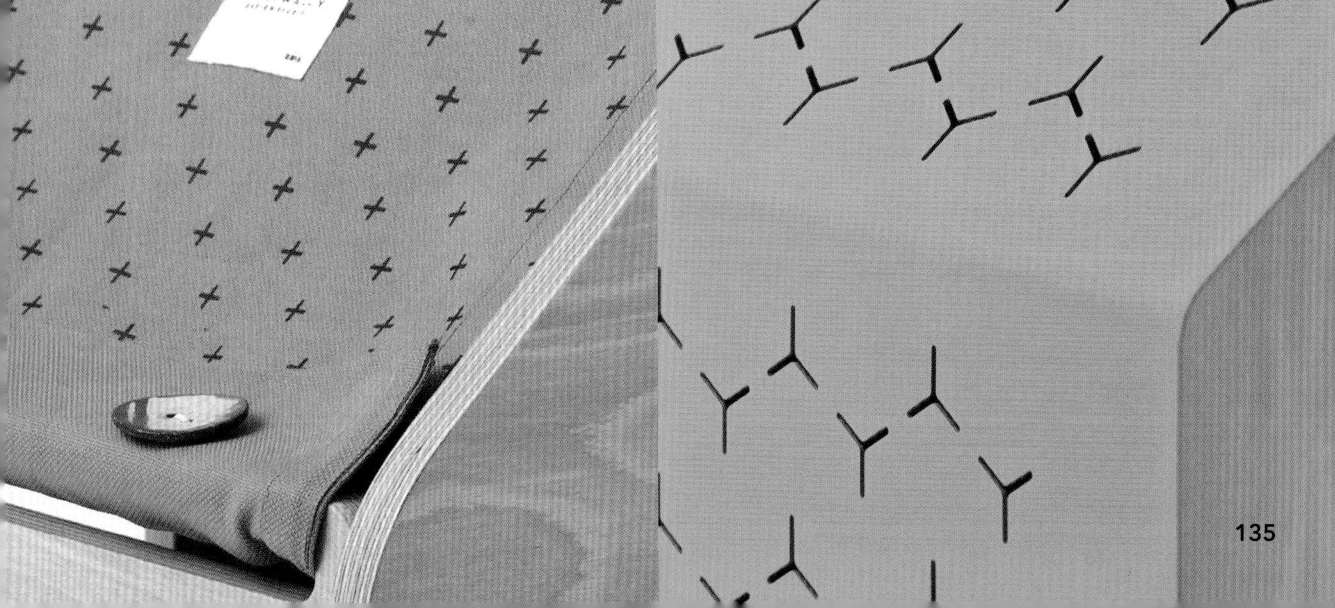

太空舱猫床

完成时间：2019

设计：长彩实业股份有限公司

摄影：长彩实业股份有限公司

你有没有注意到猫咪喜欢挤进弧形的空间？没错，它们喜欢弧形。这款“太空舱”系列猫床就是为了取悦它们而设计的。“太空舱”系列猫床有两款：Gamma 和 Alpha，分别采用橡木和胡桃木作为主要材料。这款产品的造型充满现代感，装饰性强，而且内部空间宽敞。设计的焦点是半球形的透明亚克力罩，使猫床看起来如同遨游于星际的太空飞船。半球形设计为猫咪提供了一个舒适的弧形角落，供它们可以以蜷曲的姿势窝在里面。透明的罩体不仅让“喵星人”感到安全，还能让它们看到周围的情况。

Alpha 是一款落地式猫床（看上去很像胶囊），两端为半球形罩体，为猫咪提供了足够大的蜷缩空间。事实上，它可以容纳两只猫咪舒服地躺在里面。

Gamma 是一款立式猫床，顶部为半球形罩体，可以放在地板上或安装在墙上，与其他同品牌的猫架组合成一面猫墙，为可爱的猫咪提供全套的娱乐、运动和休憩空间。

猫咪的遮光篷床

完成时间：2020

设计：LAYER设计公司

摄影：LAYER设计公司

这款产品的设计风格偏现代。设计师仔细研究了猫咪的行为习惯，并参考了养猫人士的意见，在此基础上设计出这款时尚的猫咪配套产品。

在我们看来，拥有彰显个性化的宠物配套产品对一个有宠物的家庭来说，绝对是一个加分项。这款遮光篷床旨在让猫咪主人和猫咪建立联系，以富有表现力的外形、舒适性、适用性及为猫咪提供服务为设计目标。这款床可以根据三种不同的功能需求进行调整，为猫咪提供舒适的睡眠空间，并且迎合猫咪不同的情绪。例如，遇到阴雨天，猫咪可以慵懒地躲在里面；天气炎热时，这款产品还可以变成凉垫。不同的搭配为猫咪提供了多种选择，猫咪主人也可以根据自己的心情来调整装饰风格。

值得一提的是，配套的记忆泡沫垫非常舒适，依偎其中的猫咪可倍感惬意。PET 材质的罩篷非常耐用，扛得住抓挠及其他不同寻常的猫咪行为。另外，这款产品还有三种颜色可供选择：丛林色、苔原色和热带草原色。

为猫咪打造的中庭

完成时间：2017

设计：岩间诚治一级建筑师事务所

摄影：岩间诚治一级建筑师事务所

设计师对这栋有着 40 年历史的房屋的内部进行了重新布置，以适应房屋主人和他们活泼的猫咪的生活方式。

起居室位于二楼，这里可以获得充足的阳光，猫咪可以在这里晒太阳。为了给猫咪提供运动的场所，屋顶下的死角被改造成猫咪走道。与大多数日本房屋中常见的天花板不同，这栋房屋的天花板被彻底拆除，屋顶框架完全裸露在外。设计师在此为猫咪打造了属于它的中庭，猫咪可以在这里休息、发呆或是巡视。同时，书架变成了供猫咪使用的楼梯，它可以由此进入中庭的游戏围栏。

楼梯也进行了重新组装，以便在楼梯平台下方摆放猫砂盆。墙上有一个猫咪身形的方形开口，猫咪可以由此进入自己的房间。另一个富有创意且猫咪喜欢的细节是设计师将麻绳缠在结构柱的底部，使其变成了美观的猫抓杆。这栋房屋里有很多诸如此类的贴心的设计元素，为猫咪和它的主人打造了一个温馨的居所。

拜拜，猫毛

完成时间：2018

设计：杭州吾尾宠物用品有限公司

摄影：FURRYTAIL尾巴生活，薯总（好好住ID）

猫这般美丽又敏感的精灵，怎么能忍受住在丑丑的、铺满一层又一层的猫毛的窝里呢？猫的一天中有将近20个小时在睡觉，对它们来说，拥有漂亮又整洁的床非常重要。设计团队决定重回原点，借用“经典几何”这一无国界的美学语言，为猫咪设计一款永不过时的窝。

选择半球形不仅是为了美观，更是为了尊重猫咪喜欢蜷成一团睡觉的天性。猫窝的主要材料是澳洲进口美利奴羊毛毡——这种材料通常被用来做大衣,柔软、温暖的触感就像给猫咪的一个拥抱。值得一提的是，沉积在猫窝里的猫毛可能会诱发毛球症等多种顽疾。为了解决猫毛问题，设计团队专门定制了一把配套的曲面硅胶毛刷：沿着球形猫窝转

动一下，连肉眼看不见的猫毛都能被轻松地刷出来。这也正是产品名“拜拜，猫毛”（Bye Bye Fur）的由来。

对于猫主人来说，看着自己的猫与世无争地睡在猫窝里，就是最幸福的事了。

小蜗软猫窝

完成时间：2019

设计：杭州吾尾宠物用品有限公司

摄影：FURRYTAIL尾巴生活

与狗渴望外面的世界不同，猫更喜欢宅在熟悉的、安全的空间里，就像一只永远缩在壳里的蜗牛一样，拒绝社交。所以为什么不能给猫咪设计一款“蜗牛壳”呢？

这个猫窝的整体造型挺括，质地柔软、厚实，同时可以折叠。内置的窝垫采用 A 面长绒、B 面短绒的设计，兼顾冬季御寒、春秋保暖、夏季冷气房增温的需求。同时，猫窝换季清洗以及收纳都很方便。

小蜗软猫窝就好像一个温暖而舒适的“洞穴”，让猫咪既能舒舒服服地在里面睡觉，又能躲在里面窥探周围的动静。当主人赖在被窝里追剧时，他们的猫也躲在自己的小窝里打呼噜，还有比这更幸福的画面吗？

吸猫时间猫爬架

完成时间：2019

设计：杭州吾尾宠物用品有限公司

摄影：FURRYTAIL尾巴生活

猫咪一天24小时都待在家里，甚至比主人在家的时间还要长。所以，它们在这个家里值得拥有一块专属领地。这里要空间充足、设备齐全，又极为舒适，猫咪可以在这里安心地休憩、玩耍，或者只是单纯地发呆。这块领地要像游乐场吸引孩子一样，牢牢地把猫咪吸引过来。这正是“吸猫时间猫爬架”这个名字的由来：一天24小时，把猫吸住！

设计师采用经典几何结构，搭配莫兰迪风格的配色，以配合年轻“猫奴”的家装风格。五层结构融合吊床、抓板、平台、空洞等多处私密空间，

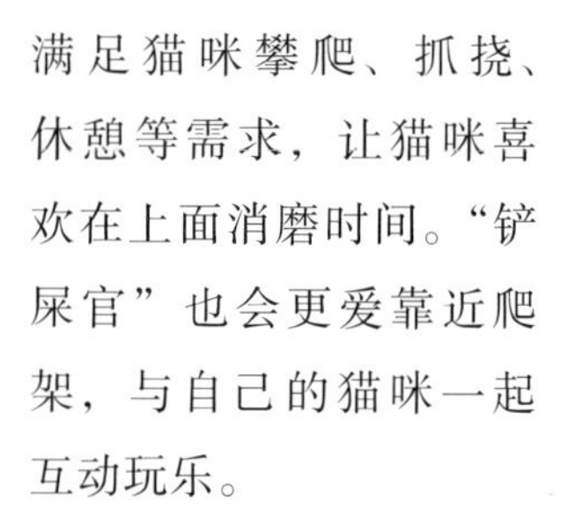

满足猫咪攀爬、抓挠、休憩等需求，让猫咪喜欢在上面消磨时间。“铲屎官”也会更爱靠近爬架，与自己的猫咪一起互动玩乐。

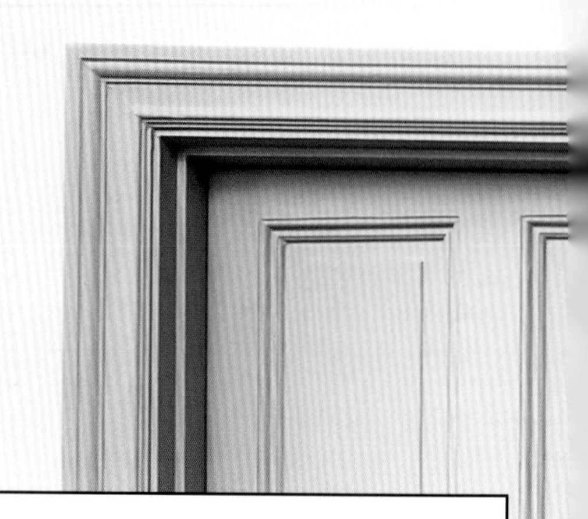

猫咪公寓

完成时间：2020

设计：埃莉诺 · 莫舍维茨（Eleonor Moschevitz）

摄影：亨里克 · 尼罗（Henrik Nero）

想象一下，如果你的猫咪有一个属于自己的公寓，里面有电视间、游戏间、休息室和梳妆室，那该有多好？设计师考虑到了猫咪可能会因为被关在狭小的空间里，没有什么娱乐活动而感到焦虑，因而设计了这款猫咪公寓。

本质上它是一个可以作为猫咪游乐场的柜子，里面设有坡道、横木、舷窗和舒适的小房间，让挑剔的猫咪忙于游戏而放弃破坏行为。在瑞典第一位猫心理学家苏珊娜 · 赫尔曼 · 霍姆斯特姆（Susanne Hellman Holmström）的帮助下，这款家具的设计既考虑到了猫咪的心理健康问题，又不会影响整体家居装饰的美观性。

值得一提的是，胡桃木饰面与板条门相结合，为这款手工打造的柜子增色不少。关上柜门时，主人可以透过木板条看到猫咪的活动，同时又保持了猫咪需要的神秘感。

猫咪公寓的内部分为三层。第一层是猫咪专用的“梳妆”空间，内有两种刷子：一种是用山毛榉木和野猪毛制成的；还有一种是用椰子纤维制成的。二层和三层是游戏区和休息区，配有剑麻材质的垫子和获得环保认证的小羊皮。此外，公寓里面还安装了一个平板电脑，让猫咪可以窝在里面观看《海底总动员》。

六角猫屋

完成时间：2019

设计：长彩实业股份有限公司

摄影：长彩实业股份有限公司

时尚又实用的家具，既能为宠物服务，又能为它们的主人服务。这套产品由实用的椅子和跳台组成，为猫咪和主人营造了一个理想空间。

六角猫屋以六边形的部件为基础单元，是一套组装式产品。猫主人可以随意组装部件，打造属于

自己的独特家具。六边形椅子的顶面配有软垫，中心是空的，为猫咪提供了理想的蜷伏之所。更酷的是，坐垫还可以用作猫抓板，拆下来也可以用作桌面，变成美观的边桌。

猫咪主人可以在墙上搭建与六边形椅子相配的跳台，供猫咪玩耍。跳台部件的侧面有四个开口，组合起来形成了一个充满趣味的猫咪走道或蜂巢式结构，让猫咪在攀爬的过程中得到锻炼，同时玩得开心。跳台由松木制成，充满温馨的感觉。整套产品在小型空间内也能发挥很好的效果。

猫桌2.0

完成时间：2015
设计：LYCS零壹城市建筑事务所
摄影：LYCS零壹城市建筑事务所

你在抽屉里藏着什么秘密？你的书架中又放着什么书？即使是对于同样的家具，每个人都会有不同的答案。比起华丽的外表，家具里头的故事更为真切，也更耐人寻味，因为它们承载着每一个使用者的生活经历和情感寄托。对于这些林林总总的故事和纷繁交织的空间，我们总想一探究竟。

LYCS 之前设计的猫桌 1.0 以猫的视角走入了桌子的内部，为主人

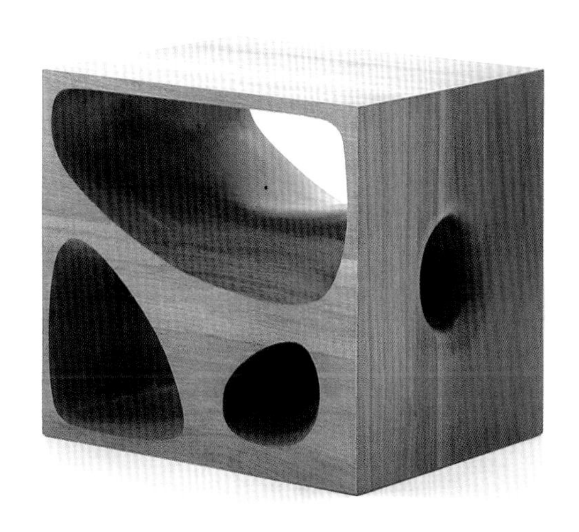

和猫带来了一个过去不曾存在的共享空间。如今，升级后的猫桌 2.0 不再是一张传统的桌子，而是由四个木质的立方体“小猫桌”构成的，每一个小猫桌都有着不同的玩耍路径。它们的用途可以由使用者自己来定义：存放书和杂志，展示藏品，甚至是养鱼。使用者可以以“搭积木”的方式将这些单元组合成凳子、茶几、矮柜或是书架，创造出一系列只属于你的家具和独一无二的猫咪乐园。

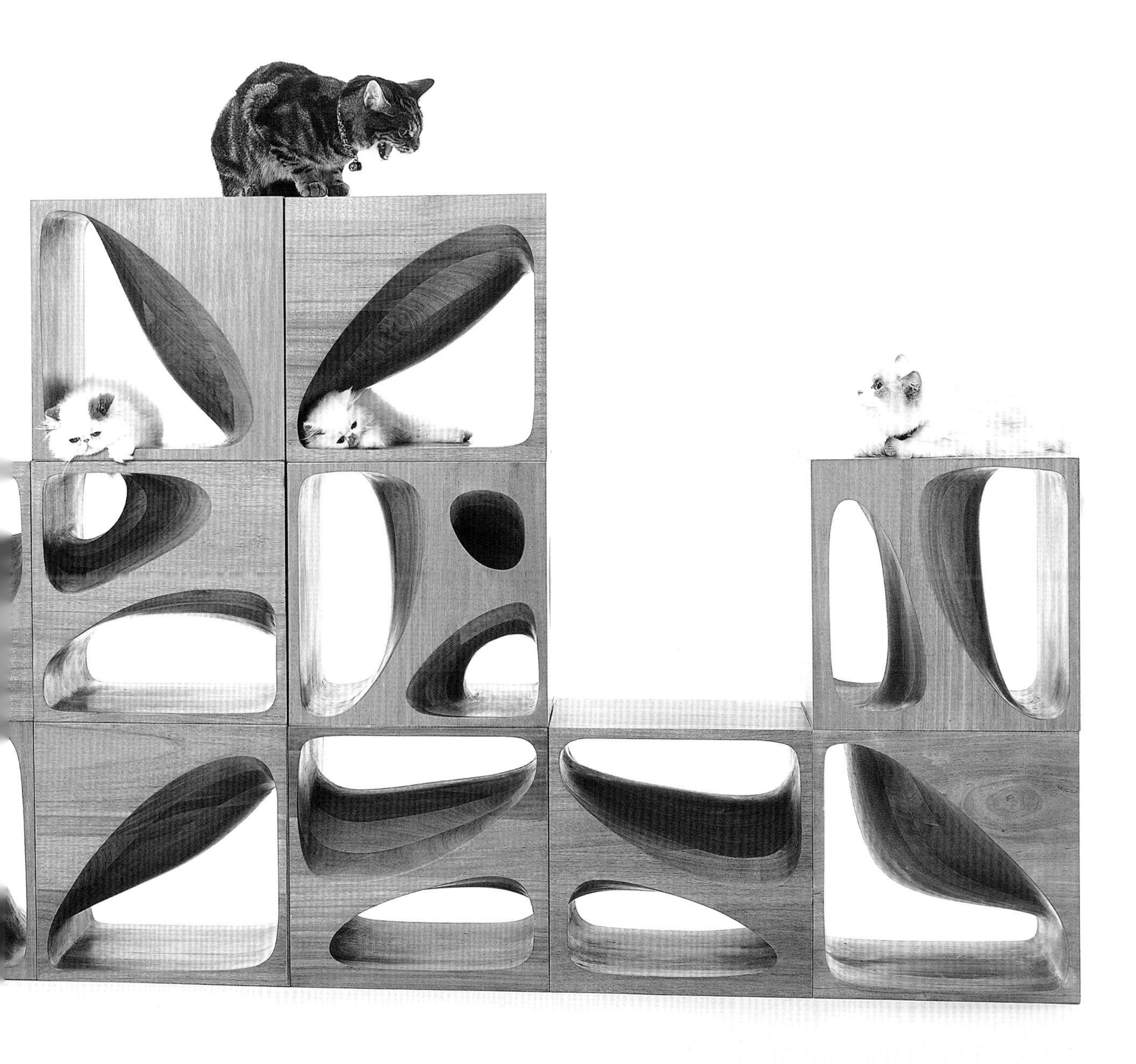

月亮、星星和云朵

完成时间：2019

设计公司：长彩实业股份有限公司

摄影：长彩实业股份有限公司

玩耍是猫生活中重要的一部分，只有当它们有足够多的时间玩耍时，它们才会感到愉快。月亮、星星和云朵系列壁挂式宠物产品为我们的猫咪们带来了很多有趣的体验，让它们的生活变得更加丰富多彩。猫咪主人可以将它们安装在高处，以迎合猫咪喜欢居高临下的习惯。

猫咪非常喜欢靠在某处休息，而月亮猫跳台的倾斜结构为它们提供了一个舒适的休息平台。它们喜欢把手肘放在垫子、书甚至是一堆刚叠好的衣服上。如果把月亮猫跳台安装在窗边的墙壁上，你的“猫主子”就可以舒服地靠在那里去审视这个世界了。配套的星星猫抓杆和云朵猫跳台共同构成了一幅夜空景象。云朵猫跳台采用透明的亚克力底座——这样的设计会给拥有多只猫咪的家庭带来极大的乐趣，因为猫咪们会爬上跳台去探索，并通过透明底座好奇地观察其他猫咪。

设计师在设计该系列产品时，创建了“互补式”这一主题，力求通过多种元素来丰富空间装饰。这些产品可以激发猫咪的好奇心，但又不会给它们带来危险。

网球宠物屋

完成时间：2019

设计：CallisionRTKL 建筑设计咨询公司

摄影：CallisionRTKL 建筑设计咨询公司

还有什么比亲手为你的爱犬建造一个小屋更有成就感的事儿呢？更何况这个网球宠物屋的骨架是用 3D 打印机制作的，网球是你亲手安装上去的。听起来很酷吧！

这款宠物屋采用了数字设计和 3D 打印技术。在数字脚本中输入简单的数据，便可定制一款符合你的狗狗身形的小屋。如果狗狗长大了，你还可以通过添加模块来对小屋进行扩建。骨架制作完成后，接下来的部分就更有趣了：你可以亲手安上网球来为你的狗狗装饰小屋。

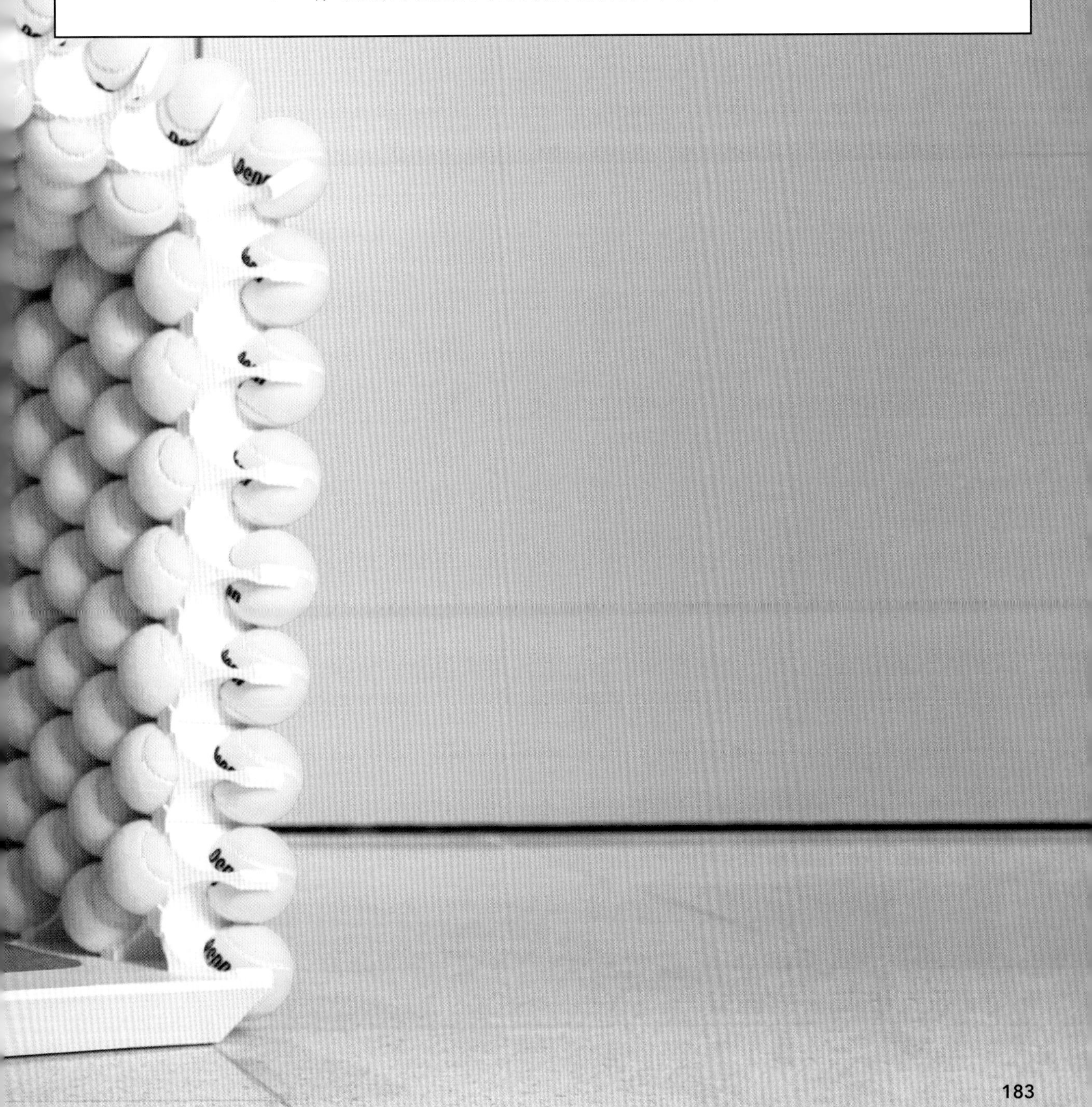

IKEA
"SCULPTURE"
URE"

呆在这个用网球打造的小屋内，狗狗会非常开心，也许就连做梦都会梦见自己追着网球，在草地上打滚，或者其他美好的场景。

小屋的内部和外部都可以嵌入网球，你可以随时取下嵌在小屋上的网球，跟狗狗玩追球游戏。游戏结束后，再将网球嵌入小屋的骨架。或者你可以根据自己的喜好，设计出特别的图案，同时留出空隙，让空气和光线进入小屋。

安装这款小屋的组件无须拥有任何经验，因为它在合适的位置实现了咬合。这是你亲手为自己的宠物狗打造的小屋，是专属于它的礼物。

摆脱牢笼

完成时间： 2019

设计： KindTail

摄影： KindTail

宠物的家比你想象的更重要。虽然可爱的“毛孩子”喜欢呆在你的身边，但是一个属于它自己的私密空间有助于它们获得安全感、建立自信心，特别是当你不在家的时候。

狗笼往往都不是什么漂亮的房子，而是冷冰冰、阴森森的金属笼子。产品设计师艾米·金（Amy Kim）决定解决这个问题。她为自己的爱犬打造了这款舒适的狗窝。这款产品由 ABS 塑料制成，更轻巧，也更便于移动，拆卸起来也非常方便。这款产品非常特别，它的顶面和侧面都是可拆卸的，拆卸下来的组件可以叠放成一个整洁的塑料盒——看上去很像工具箱——大小不会超过一张报纸对折后的面积，非常节省空间，比藏在窗帘后面的金属笼子要好得多。

这款产品有三种颜色可供选择：灰色、粉色和白色，放在任何装饰风格的房间内都不会显得突兀。你可能很容易把它当成边桌使用——直到发现桌边探出了一条尾巴！狗狗也会喜欢这款产品的，因为它可以为狗狗提供舒适的空间，与金属笼子般的牢笼完全不同。这款产品还能培养狗狗的纪律性，帮助狗狗养成良好的行为习惯。

躲猫猫

完成时间：2019

设计：ASOLIDPLAN

摄影：Food & Shelter

一个有两个小孩和两只猫咪的家庭是如何娱乐的呢？当然是玩躲猫猫了。

业主想要一个舒适的家，同时家中要有宽敞的开放空间可以供孩子和猫咪玩耍。空间内的点睛之笔是随处可见的嵌入式小窗口——既创造了有趣的互动机会，又提升了装饰效果，为孩子和猫咪带来了无限的快乐。

ASOLIDPLAN 通过巧妙的设计让安静的走廊空间变得热闹起来：尺寸不一的嵌入式方形架子为猫咪提供了一个很棒的游乐场，它们在这里休息、飞奔或者玩耍。方形凹槽变成了猫咪的藏身之处，它们可以埋伏在这里伺机而动。另外，这些架子不仅可供猫咪使用，还可以用来摆放装饰品。

定制的滑动板可以使方形架子变成开窗，同时增加游戏区的面积。当猫咪发现这个新的藏身之处，有趣的事就开始了。开窗可以实现猫咪和主人之间的互动，甚至还能让它们玩起躲猫猫的游戏。游戏结束后，方形架子就变成了高处的小憩平台，猫咪可以在这里闭目养神，偶尔路过此处的主人还可以轻轻蹭蹭它们的鼻子，抓抓它们的耳朵。

玩乐岛

完成时间：2019

设计：Rooot工作室

摄影：Charmaine Oh

当你把忠诚的爱犬视作家人的时候，你会希望它能拥有你所拥有的一切。Rooot 为业主和他的爱犬设计了一间小屋，小屋内的装潢颇具格调，满足了业主希望与爱犬共享舒适家居环境的愿望，也清楚地表达了主人“与爱犬不分彼此”的想法。这个家庭希望他们的爱犬能够感受到它和主人是平等的，所以它的小屋也成了家居设计的一部分。在大胆、有趣的室内环境中，设计师将为狗狗打造的舒适空间与主人的生活空间融为一体，这样一来，狗狗也能参与家庭活动，成为家庭中的一员。

狗狗的活动空间被巧妙地设置在嵌入式座椅下。这个座椅同时还充当了鞋凳，是从鞋柜中延伸出来的。该装置的多功能特性既节省了空间，又在无缝的装饰设计中创造性地优化了空间。

设计师有意地模仿室内空间的其他设计细节，如狗狗的小屋采用了主人卧室的玄关设计，入口顶端也是倾斜的。这样的设计使小屋看上去很像一个帐篷，体现了业主一家对户外运动的热爱，也赋予了这个小屋个性化的符号。这种在设计形式上的呼应，不仅保证了空间内整体设计的连贯性，也突出了爱犬的家庭地位。但最重要的是，狗狗与主人不分彼此。

谢里登的家

完成时间：2017

设计：AtudioAC

摄影：萨众恩 · 法乌尔（Sarjoun Faour）

对于养宠物的人来说，有宠物的地方就是家，这一点毋庸置疑。这栋位于多伦多的住宅最令主人引以为傲的是以狗屋作为住宅设计的核心。设计师在家居空间内嵌入了胶合板装置，这样既满足了家庭生活的储物需求，又将楼梯隐藏了起来，更重要的是，这样可以使狗屋成为住宅设计的一部分，这也体现了业主对狗狗的爱。

一张独一无二的方框形床满足了装修方案中“为狗狗的床留出空间”的要求。鉴于整体家居空间有限，这个看似简单的要求其实并不容易实现。最终，狗屋被设置在胶合板装置的一侧，为空间限制提供了巧妙的解决方案，不仅优化了室内设计，还为狗狗提供了专属空间。这个空间位于家庭活动空间的中央，这样一来，狗狗就可以与业主一家人待在一起——狗狗都喜欢这样黏着主人。

狗屋被漆成白色，在胶合板背景的映衬下显得十分醒目，并与室内整体设计风格相融。业主希望让狗狗知道它永远是家人关注的焦点。

s住宅

完成时间：2018

设计：Linear Space Concepts设计工作室

摄影：施志强（See Chee Keong）

如何让三只猫咪快乐地生活在同一栋房子里呢？Linear Space Concepts 为业主设计了一个供猫咪使用的高高的桥架，并为桥架安装了透明的玻璃底座，这样一来，主人就可以在桥架下方透过玻璃看到猫咪可爱的小爪子了。这栋房子中随处可见木工定制品和原创家具，各种色彩、纹理和图案相互碰撞，形成一个富有创意的空间。业主夫妇和他们的猫咪们就住在这样一个充满活力的精品酒店式住宅内。整栋住宅以蓝绿色为主色调，猫咪桥架这样突出的细节元素也采用了同样的色调。

众所周知，猫很喜欢居高临下的视角。上文提到的为它们特制的桥架可以满足这个需求。透明的底座充满趣味性，但更多的是希望猫咪可以与主人有眼神的交流，同时也制造了“看得见，摸不着”的游戏机会。宠物和主人也在互动的过程中变得更加亲密。

当然，以一种奇特的角度观察猫咪的动作确实非常有趣。这也在一定程度上反映了业主夫妇有趣的性格。

与猫咪桥架同样吸引人的是，设计师巧妙地将供猫咪行走的台阶与电视柜相连接，以创造可以将杂乱的电线隐藏起来的存储空间。这样一来，猫咪们就可以快速、敏捷地奔跑，快乐地在它们的理想居所中生活。

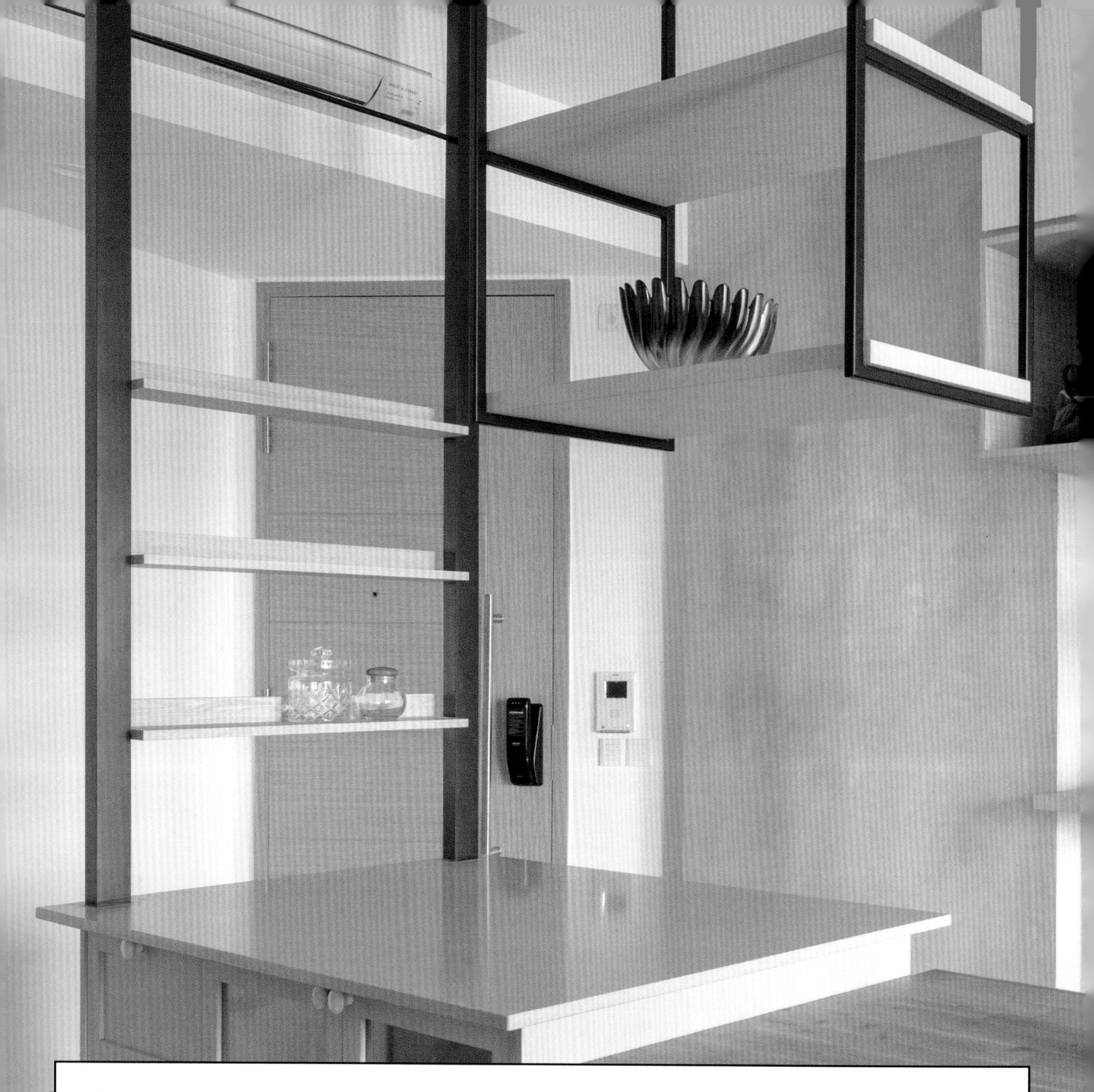

与猫咪和平共处的家

完成时间：2018

设计：Linear Space Concepts设计工作室

摄影：施志强（See Chee Keong）

作为猫咪的监护人，有时你会发现挑剔的“毛孩子”喜欢在奇怪的地方打盹，如电视柜下、洗衣篮里，甚至是浴室里——尽管它们有自己的专用床。在不影响家庭生活的情况下，主人通常会对它们的行为放任不管。这一次，Linear Space Concepts 决定借助时尚的装饰元素和别出心裁的设计让这些特别的地方变成合理的选择。

这个家居环境的主题是“和平共处”：人类和猫咪快乐地生活在一起。也就是说，既然猫咪参与了人类的生活，那么那些笨重的家具也应该为它

们所用，如经过改造的橱柜也可以作为猫咪的休息区。猫咪可以自由进出这些小空间。客厅的电视柜也采用了类似的设计。经过改造后，电视柜里的小空间变成了猫咪的舒适小窝，待在这里会非常有安全感。由于这个空间非常隐蔽，猫咪可以躲进这个私密的空间，密切关注主人的动向。

vonneSimon

Your Miracle Brai
CHARLES HANDY
CHRIS RYAN
TOLKIEN
LORD RINGS
SEEDS OF YESTE

餐厅旁边的开放式架子满足了猫咪社交和玩耍的需求。这些架子高度不一，迎合了猫咪乐于攀爬和探索的天性。当然，主人也可以用这些架子展示和存放物品。当主人回到家中时，很可能会看到猫咪正在架子上打盹，一只爪子懒洋洋地耷拉着，还有什么比这样的场景更让人感到温暖呢？

Norrom 水族箱

完成时间： 2019

设计： 查尔斯 · 特恩罗斯（Charles Törnros）

摄影： Törnros & Co

你为鱼儿打造的家变成了它们的世界。爱宠人士都会尽可能地优化爱宠的生活环境，满足它们的需求。设计师查尔斯·特恩罗斯为鱼儿和它们的主人打造了这样一个美妙的世界——主人可以坐在一边，欣赏在水族箱中游弋的鱼儿。水族箱后方的电线被很好地隐藏起来了，业主在欣赏水体景观之美、享受安静的疗愈时光时，不会受到后方电线的干扰。

Norrom 水族箱挑战了斯堪的纳维亚设计风格，为整体家居环境增色不少。设计师需要面对的第一个挑战是将水族箱打造成何种形状。与有棱有角的传统形状不同，设计师选择了立式圆柱造型，并用盖子和底座作为装饰物。盖子和底座用异域风格的木材手工打造，使用时可以根据鱼群的色彩和房间的装饰风格进行更换。另外，设计师还提供了模板，这样业主也可以亲手设计盖子和底座，使鱼缸透出不同的三维效果图案。

真正让人眼前一亮的是 Norrom 水族箱的隐形集成照明和过滤系统。这套系统位于水族箱底部，将影响视觉效果的电线全部隐藏起来。梦幻般的气泡从气泡管中冒出，与可调节的照明设施共同营造出具有观赏性的水体景观。水族箱是一种循环自滤式设备，可以为鱼儿营造健康、舒适的生活环境。从外观上看，Norrom 水族箱呈现出一种素雅、简洁的美感，更能衬托出鱼儿的绚丽色彩。清新的水生植物有助于改善水族箱内部的生物气候，并为鱼儿创造它们喜欢的藏身之所。每天看着鱼儿在水中跳着欢快的舞蹈，水族箱显然已经成为业主生活中不可缺少的一部分了。

图书在版编目(CIP)数据

宠物家居 / 《宠物家居》编写组编 ; 潘潇潇译 .—桂林：广西师范大学出版社，2021.9

ISBN 978-7-5598-4031-8

Ⅰ. ①宠… Ⅱ. ①宠… ②潘… Ⅲ. ①住宅－室内装饰设计 Ⅳ. ① TU241

中国版本图书馆 CIP 数据核字 (2021) 第 143274 号

宠物家居

CHONGWU JIAJU

责任编辑：季 慧

助理编辑：杨子玉

装帧设计：马韵蕾

广西师范大学出版社出版发行

（广西桂林市五里店路 9 号　　邮政编码：541004

网址：http://www.bbtpress.com）

出版人：黄轩庄

全国新华书店经销

销售热线：021-65200318　021-31260822-898

恒美印务（广州）有限公司印刷

（广州市南沙区环市大道南路 334 号　邮政编码：511458）

开本：787mm × 1 092mm　1/16

印张：14　字数：133 千字

2021 年 9 月第 1 版　2021 年 9 月第 1 次印刷

定价：228.00 元